スマート農業の大研究

ICT・ロボット技術でどう変わる?

[監修] 海津 裕

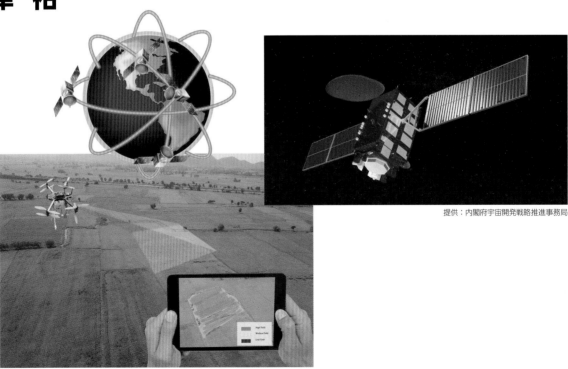

提供：内閣府宇宙開発戦略推進事務局

PHP

はじめに

　みなさんは学校や家で、一度は野菜やお米を育てたことがあると思います。自分で育てた野菜やお米の味は、お店で買ってきたものとはひと味ちがう感じがしたのではないでしょうか。その一方で、毎日水をやったり、雑草をぬいたり、お世話が大変だったと感じた人はいませんか？　水をやるのを忘れて枯らしてしまったり、虫に食べられて何も収穫できなかったりといった経験がある人もいるかもしれません。また、観察日記をつけるのもけっこう大変だったことでしょう。そんなときに「だれかが代わりにやってくれたら、助けてくれたらいいな」と思いませんでしたか。

　農家の人たちは、みなさんが庭や家庭菜園でつくる何千倍、何万倍もの面積の田畑を耕して、種をまき、水をやり、病気や虫にやられないように毎日お世話をしています。その手間は計りしれません。しかも、現在、農家の人の高齢化や離農によって1人あたりの耕地面積がふえる傾向があります。また、世界の人口は増加しており、今後より多くの食料を生産する必要があるでしょう。

　農家の人の負担をへらし、生産をふやす技術の1つが「スマート農業」です。スマートには「見た目がおしゃれでかっこいい」や「頭がいい、かしこい」といった意味があります。スマート農業は従来の農業の「大変」や「手間がかかる」といったイメージとはまるでちがっています。AI（人工知能）やインターネット、スマートフォン（スマホ）、ドローン、ロボットなどが野菜やお米、家畜などのお世話を手伝ってくれたり、さらにすべて自動でおこなってくれたりします。

　この本では、現在の農業の問題点と、これから普及が進むであろう、現在から未来の農業技術について紹介しています。農業が、先端技術をフル活用する可能性に満ちあふれた分野であることがわかってもらえると思います。また、

2

世界の人たちが未来にわたり、かぎられた水などの資源で食料を安定的に確保していくために、スマート農業が役立つであろうことも見えてくるでしょう。
この本でみなさんが、これからの農業に少しでも関心をもち、大人になったときに農業がどうなっていくか考えるきっかけとなれば大変うれしく思います。

海津 裕

写真提供：株式会社クボタ

スマート農業の大研究

もくじ

写真提供：ヤンマー株式会社

写真提供：パナソニック株式会社

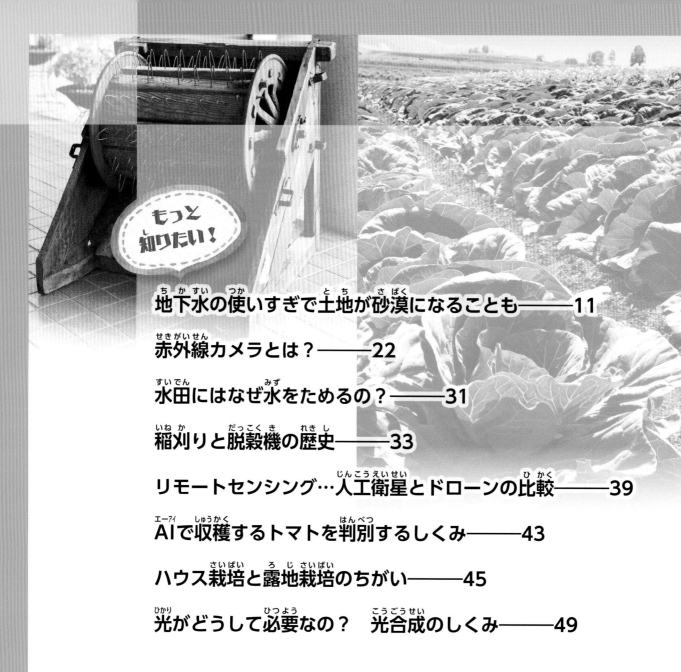

写真提供：株式会社コーンズ・エージー

第1章

日本の農業の現状とスマート農業

日本の農業の現状

高齢化が進んでいる

　日本では、農業にたずさわる人の数が年々へっています。「農業就業人口」は2018年に175万人。18年前の2000年（約389万人）の半分以下にまでなっています。

　高齢化も進んでいます。農業就業者の平均年齢は、2000年以降60歳を超えていて、2018年には66.8歳にまで上がっています。これは、すべての産業の平均年齢の42.3歳を大きく上回っています。

　農業就業人口にしめる高齢者（65歳以上）の割合は68.5％（2018年）。総人口にしめる高齢者（65歳以上）の28.4％（2019年9月）とくらべても、高齢化の進み方がきわだちます。

　高齢化の原因としてあげられるのは、後継者不足です。若い人が都会に出て行ってしまい農家のあとを継がない、継ぎたがらない。最後には農業をやめることになり、耕作放棄地の増加につながっています。

　実際に、耕作放棄地は下のグラフのように年々拡大しています。

●農業就業人口と高齢者の割合

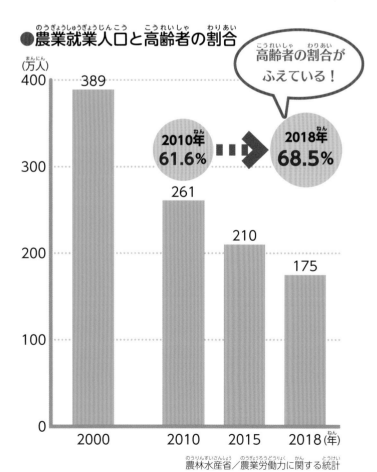

農林水産省／農業労働力に関する統計

●耕作放棄地の拡大

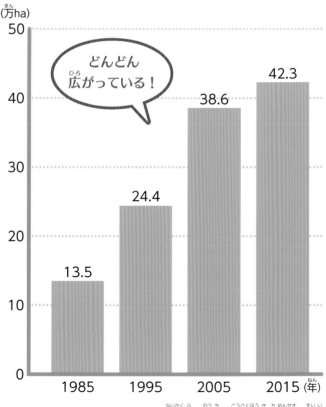

内閣府／農地・耕作放棄地面積の推移

食料自給率の低下

日本の農業のもう1つの大きな問題は、食料自給率の低下です。

食料自給率とは、わたしたちが毎日食べている食べ物をどれだけ自分の国でつくっているかをしめす割合のことです。カロリーベースと生産額ベースの2つの指標がありますが、このうちカロリーベースの自給率は37％（2018年度）。アメリカは130％、フランスは127％、ドイツは95％（いずれも2013年）。日本は先進国の中で最低の水準になっています。

食料自給率が低いということは、食料を輸入にたよっているということです。ほかの国が、天候など何かの理由で食料の輸出ができなくなり、日本への輸出がストップしてしまうと、わたしたちは食べ物に困ることになるのです。

食料自給率とは？

カロリーベース

1日にとるカロリーのうち、何％が国産の食品からとるカロリーか

1人が1日に食べる国産食品のカロリー
÷1人が1日に食べる全食品のカロリー

生産額ベース

生産額のうち、国内生産の額

食料の国内生産額÷食料の国内消費仕向額

国内生産額＋輸入額−輸出額±在庫増減の額

●日本の食料自給率

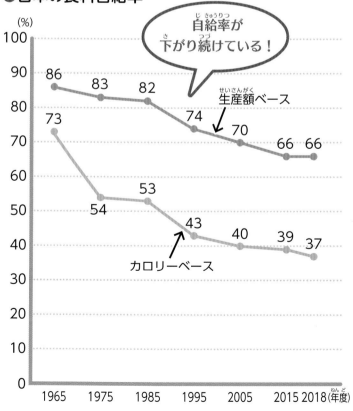

自給率が下がり続けている！

(%)

| 生産額ベース | 86 | 83 | 82 | 74 | 70 | 66 | 66 |

カロリーベース: 73 / 54 / 53 / 43 / 40 / 39 / 37

1965　1975　1985　1995　2005　2015 2018（年度）

農林水産省／日本の食料自給率

●世界のおもな先進国の食料自給率

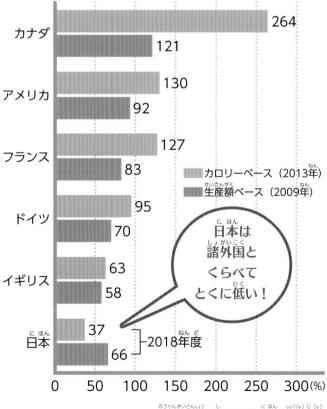

カナダ　264 / 121
アメリカ　130 / 92
フランス　127 / 83
ドイツ　95 / 70
イギリス　63 / 58
日本　37 / 66

カロリーベース（2013年）
生産額ベース（2009年）

日本は諸外国とくらべてとくに低い！

2018年度

農林水産省／知ってる？日本の食料事情

将来、世界は食料不足に!?

人口が増加しても農地はふやせない

世界の人口は、2019年に77億人になりました。国際連合（国連）では、2050年には97億人に達すると予測しています。さらに、2100年には109億人にまでふくれあがるとされています。

人口の増加に合わせて、食料の生産をふやしていかなければなりません。しかし、地球上で農地にできる土地はかぎられています。それどころか、開発途上国の都市化や工業化で、すでに農地がへっている地域もあります。実際、世界全体の農地の面積は数十年間大きく変わっていません。

また近年、地球温暖化によると思われる異常気象が各地で発生しており、それによる農作物の不作が報告されています。農業への気象の影響がますます大きくなるかもしれません。

SDGsと農業

2015年に国連で採択されたSDGs（持続可能な開発目標）の2つめに掲げられたのは「飢餓をゼロに」という目標です。現在飢餓に苦しんでいる人と、これから増加すると予測されている人口増加分の食料を確保するためには、農業の根本的な変革が必要とされています。

日本のように食料自給率の低い国はもちろん、世界全体で、かぎられた土地で多くの収穫を得られるよう、農業生産の効率を高める努力をしていかなくてはなりません。

●世界の食料の需要予測

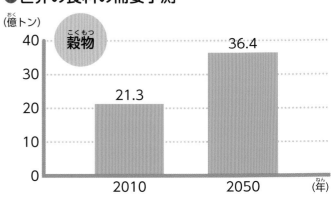

穀物（億トン）
- 2010: 21.3
- 2050: 36.4

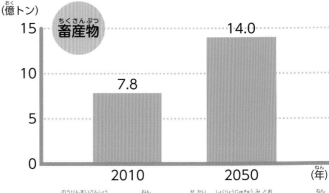

畜産物（億トン）
- 2010: 7.8
- 2050: 14.0

農林水産省／2050年における世界の食料需給見通し（2019年）

●世界の人口の推移と予測

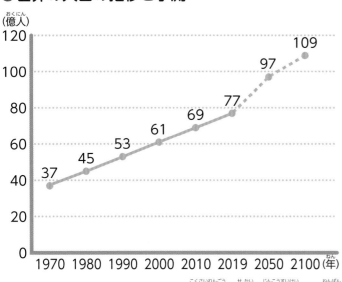

（億人）
- 1970: 37
- 1980: 45
- 1990: 53
- 2000: 61
- 2010: 69
- 2019: 77
- 2050: 97
- 2100: 109

国際連合／世界の人口推計2019年版

肉の消費の増加でますます穀物不足に

食生活の変化によって、世界で肉の消費がふえていることも、穀物不足に拍車をかけています。肉の生産のためには、飼料（えさ）となる穀物が大量に必要となるからです。たとえば、牛肉を1kg生産するのに必要なトウモロコシは11kgにもなります。

● 畜産物1kgの生産に必要な穀物の量

牛肉 11kg

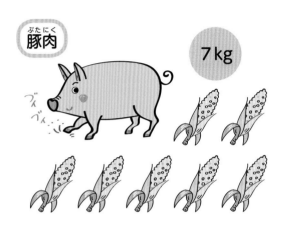

豚肉 7kg

鶏肉 4kg

鶏卵 3kg

農林水産省／知ってる？日本の食料事情

地下水の使いすぎで土地が砂漠になることも

穀物の栽培には、大量の水が必要です。1kgの小麦を生産するのに必要な水は1000L以上といわれています。タンパク質源である肉の生産には、もっと多くの水が必要になります。1kgの牛肉を得るために必要な水は約2万Lといわれています。

世界の食料のほぼ半分は、雨の少ない、乾燥した土地でつくられています。湖や川が近くにある場合は、そこから水を引きます。湖や川がない地域では、地下水をくみ上げて穀物に水をあたえます。しかし、アメリカやインド、中国など多くの国で、農業に地下水を使いすぎたため、地下水位の低下が問題と

なっています。アメリカには、かつて小麦畑だったのに枯れてしまい、砂漠のようになった土地が多くあります。

地下水を使いすぎたため、砂漠のようになった土地。

明るいきざし①
経営規模の拡大

●農業経営体数の推移

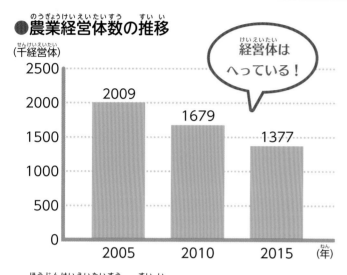

(千経営体)

経営体は
へっている！

2500
2000　2009
1500　1679　1377
1000
500
0
2005　2010　2015　(年)

●法人経営体数の推移

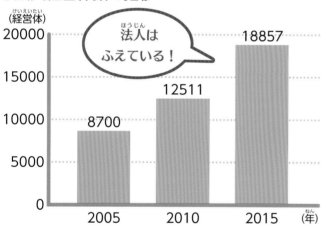

(経営体)

法人は
ふえている！

20000
18857
15000　12511
10000　8700
5000
0
2005　2010　2015　(年)

●販売金額別で見ると……

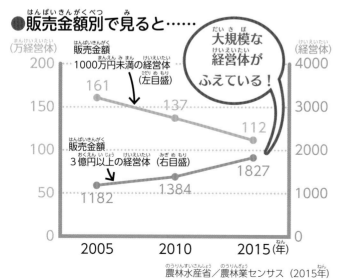

(万経営体)　　　　　　　　　　　(経営体)

販売金額
1000万円未満の経営体
(左目盛)

大規模な
経営体が
ふえている！

200　　　　　　　　　　　4000
161
150　137　　　　　　　　3000
112
100　　　　　　　　　　2000
1827
販売金額
3億円以上の経営体
(右目盛)
50　1384　　　　　　　1000
1182
0　　　　　　　　　　　0
2005　2010　2015(年)

農林水産省／農林業センサス (2015年)

経営規模の拡大

農業に従事する人たちには、家族単位でおこなっている農家と、会社組織などでおこなっている農業法人があります。これらを合わせた「農業経営体」の数は、年々減少しています。

ただし、その中で会社組織などの法人経営体数を見ると、2005年から2015年のあいだに約2倍にも拡大しています。

経営体の数を、販売金額の大きさ別に見ると、1000万円未満の小さな経営体が30.4%へっているのに対し、3億円以上の経営体は54.6%もふえています。

日本の農業の経営規模が拡大しつつあることがわかります。

会社に雇用されて働く人が増加

個人で農家を経営するのではなく、会社に雇われて農業に従事する人の数も増加しています。

2005年には約12万9000人だったのが、2015年には約22万人、10年で約1.7倍にふえています。稲作をおこなう人だけを見ると、3倍以上にもなっています。

会社に雇われて農業を始めた人のうち、約72%が49歳以下です（2018年）。自営で農業を始める人にしめる49歳以下の割合（23.1%）とくらべると、サラリーマンとして農業に従事する人が多いことがよくわかります。

●常雇い数の推移

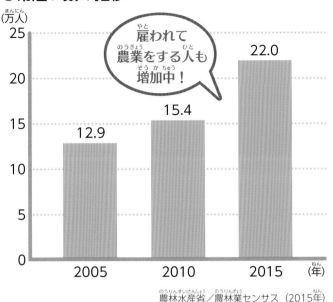

（万人）

雇われて農業をする人も増加中！

- 12.9（2005）
- 15.4（2010）
- 22.0（2015）

25
20
15
10
5
0

2005　2010　2015（年）

農林水産省／農林業センサス（2015年）

●新規雇用就農者

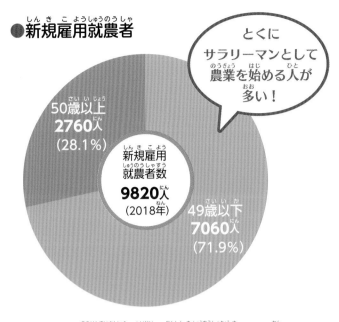

とくにサラリーマンとして農業を始める人が多い！

50歳以上
2760人
（28.1%）

新規雇用
就農者数
9820人
（2018年）

49歳以下
7060人
（71.9%）

農林水産省／平成30年新規就農者調査（2019年）

農業の起業をする人が急増

　自分で土地と資金を調達し、責任者として農業経営を始めた人、いわゆる「起業」した人は、2008年の1960人から2017年には3240人と大幅に増加しています。

　2009年に農地法が大きく改正されたことが背景にあります。これにより、個人が自由に農地を取得し、農業に参入することができるようになりました。また、企業が全国どこでも農地を借り入れて自由に農業を経営できるようになりました。

　安全性が高い原料を自社で確保したい食品会社のほか、建設業やNPO法人（特定非営利活動法人）の参入もふえています。

●農業で起業した人の数

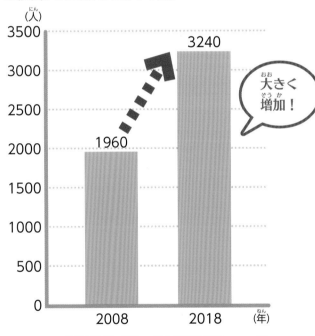

（人）

- 1960（2008）
- 3240（2018）

大きく増加！

3500
3000
2500
2000
1500
1000
500
0

2008　2018（年）

農林水産省／平成30年新規就農者調査（2019年）

明るいきざし②
農産物の輸出が増加

日本食がブームに

日本にとって、もう1つの明るいきざしは、近年、日本の農産物の輸出が拡大していることです。

その背景には、世界で日本食（和食）の人気が高まっていることがあります。

外国人観光客が日本で期待することの第1位は「日本食を食べること」（69.1％）です。外国人が好きな外国料理をたずねた調査でも、日本料理がトップになっています。

海外の日本食レストランの数は、2006年から2017年の11年間に約5倍にもふえています。

2013年に「和食」がユネスコ無形文化遺産に登録されたことも、ブームを後おししました。

●外国人観光客が訪日前に期待していたこと

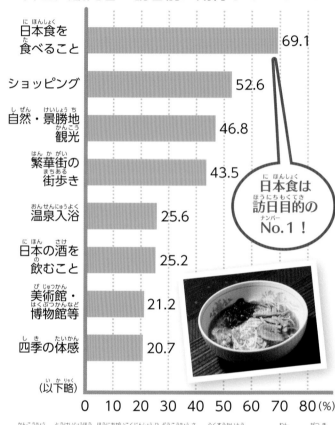

項目	％
日本食を食べること	69.1
ショッピング	52.6
自然・景勝地観光	46.8
繁華街の街歩き	43.5
温泉入浴	25.6
日本の酒を飲むこと	25.2
美術館・博物館等	21.2
四季の体感	20.7

（以下略）

日本食は訪日目的のNo.1！

観光庁・統計情報/訪日外国人消費動向調査・複数回答（2019年4-6月期）

●世界の人々が好きな外国料理

料理	％
日本料理	38.4
イタリア料理	15.6
中国料理	14.0
韓国料理	5.4
インド料理	5.1
アメリカ料理	4.1
フランス料理	4.0

（以下略）

日本料理がいちばん人気！

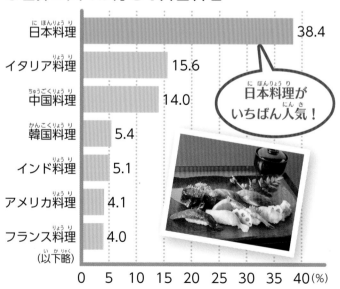

JETRO/日本食品に対する海外消費者アンケート調査（モスクワ、ホーチミン、ジャカルタ、バンコク、サンパウロ、ドバイの6都市の住民3000人を調査。6都市の合計。調査対象国の料理は選択肢から除外）、2014年

●海外の日本食レストランの数

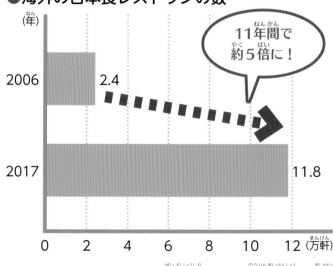

（年）	万軒
2006	2.4
2017	11.8

11年間で約5倍に！

外務省調べにより、農林水産省にて推計

日本の農産物の輸出がふえている

このような日本食ブームを背景に、日本の農林水産物・食品の輸出が増加しています。

とくに果物や、牛肉、緑茶、日本酒などの輸出が大きくふえています。りんごの輸出額を例にとると、2008年には73.7億円だったのが、2018年には139.7億円になっています。りんごの輸出先は台湾がトップです。

輸出全体を地域で見ると、アジアがトップで約7割をしめています。ついで北米（アメリカ、カナダなど）が15.2％となっています。

●日本の農林水産物・食品の地域別輸出先

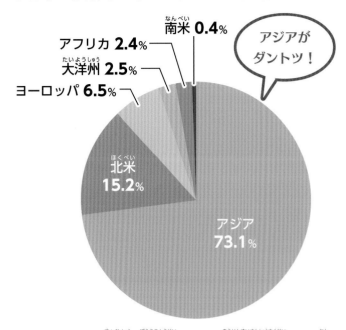

南米 **0.4**%
アフリカ **2.4**%
大洋州 **2.5**%
ヨーロッパ **6.5**%
北米 **15.2**%
アジア **73.1**%

アジアがダントツ！

財務省「貿易統計」をもとに農林水産省作成（2017年）

●日本の農林水産物・食品の輸出額

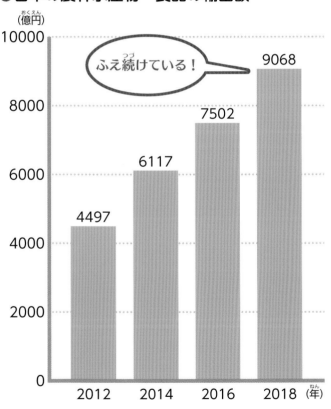

（億円）

ふえ続けている！

2012	2014	2016	2018 (年)
4497	6117	7502	9068

財務省「貿易統計」をもとに農林水産省作成

●品目別の輸出額（円）

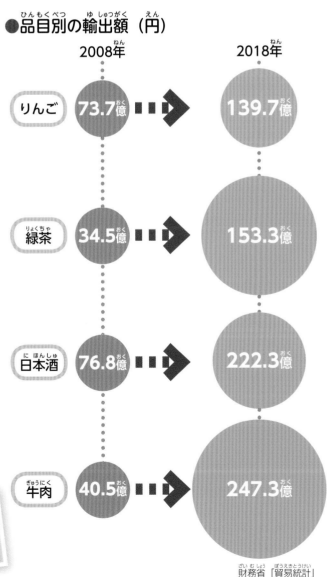

	2008年	2018年
りんご	**73.7**億	**139.7**億
緑茶	**34.5**億	**153.3**億
日本酒	**76.8**億	**222.3**億
牛肉	**40.5**億	**247.3**億

財務省「貿易統計」

農業をささえる先端技術①
ロボット・IoT・AI

スマート農業はもう始まっている

農業経営規模の拡大や、農産物の輸出の増加などの明るいきざしについて見てきました。

こうした背景により、日本の農業にはこれから伸びていく大きな可能性があります。

しかし、本章の冒頭でふれたように、日本の農業は人手不足におちいっています。どうしたら伸びを維持していけるのでしょうか。

カギとなるのが、農業に先端技術を導入したスマート農業です。スマート農業とは、ロボット技術やICT（情報通信技術）を活用して、省力化・精密化や高品質生産を実現する新しい農業のことです（農林水産省による定義）。

無人走行するロボットトラクターや田植え機、コンバイン、ドローンで農薬をまく、といったスマート農業はすでに始まっています。

モノのインターネット、IoT

これまで人がおこなってきた仕事をロボットやIoT、AI（人工知能）がおこなう時代がきています。

IoTとは、Internet of Thingsの略で、「モノのインターネット」と訳されています。モノがインターネットにつながり、モノと情報をやりとりすることができるようになりました。

このとき、モノには人間の目や耳に当たる装置（センサー）がついています。そのセンサーから得た情報をインターネット経由で受け取り、モノの状態や位置などを知ることができるのです。

これまでは人間がパソコンなどを使ってデータを入力していましたが、モノにとりつけられたセンサーが読み取った情報を、人の手を借りずにインターネット経由で送ることができるようになっています。

家電のIoTも進んでいる

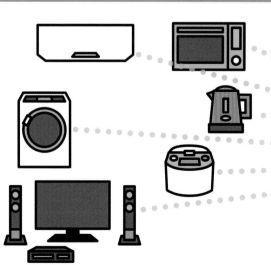
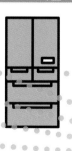

インターネット

家庭の中でも、さまざまな家電がインターネットとつながるようになっている。

リモコンによる操作で農業機械が無人走行（→P24）

写真提供：株式会社クボタ

ドローンで生育状況を把握（→P38）

ドローンで農薬散布（→P40）

写真提供：DJI JAPAN株式会社

ロボットがトマトを収穫（→P42）

写真提供：パナソニック株式会社

AI（人工知能）の活躍

IoTによってたくさんのデータを集めたあとは、AIが活躍します。AIがデータを分析して、次にどのようなアクションを起こしたらよいかを判断します。

たとえば、ドローンにつけた赤外線カメラは、生き物や物体が放つ赤外線エネルギー（温度）を検知します。土壌の温度や作物の温度を観測できるのです（→P22）。AIは、それを解析することで、いつ、どこに、どのくらい水やりをしたらよいか、高温障害が発生していないかなどを知ることがで

きます。

AIは、たくさんのデータを蓄積することでどんどんかしこくなっていき、より細かな分析ができるようになっていきます。

日本が得意なセンサーの技術

IoTにおいてはセンサーの技術が重要になってきますが、近年、農業のスマート化に不可欠な画像認識技術が大きく向上しています。

日本は画像認識技術をはじめとしたセンサーの技術において世界トップにあり、「センサー王国」とよばれています。

農業をささえる先端技術②
人工衛星

第1章　日本の農業の現状とスマート農業

宇宙から地球上の場所がわかるGPS

現在、ほとんどのスマートフォンや携帯電話にはGPS機能がついています。スマートフォンの地図アプリで位置がわかるのは、このGPS機能のおかげです。

GPS（Global Positioning System）とは、高度約２万kmの軌道を回っている人工衛星を使って位置を測定するシステム。現在は、アメリカのGPSのほかロシアや中国、EU（ヨーロッパ連合）なども衛星を打ち上げて独自のシステムをも

つようになり、すべてをふくめて GNSS※とよぶようになっています。日本も「みちびき」という衛星を、2017年までに４機打ち上げました。

GPS（GNSS）は、スマートフォンの地図アプリのほか、土地の測量やカーナビゲーション、地殻変動の予測など、さまざまな用途に使われています。位置情報を知るためには、上空に４機の人工衛星がなくてはなりませんが、現在、さまざまな国によって打ち上げられたたくさんの衛星が利用できるようになったため、位置測定の精度は高くなってきています。

GPS（GNSS）のしくみ

GPS（GNSS）による位置の測定は、４機の衛星からの電波を受信しておこないます。

方法は、それぞれの人工衛星から出た電波が受信機に届くまでの時間を測ります。人工衛星から送られた情報には発信した時刻と位置情報が入っているので、受信機に届いた時刻との差が、届くまでの「時間」となります。この「時間」に電波の速度（光の速度）をかけて、人工衛星と受信機との「距離」を出します。

１機の人工衛星との距離を求めただけでは、自分のいる位置を特定することはできません。それぞれの場所がわかっている４機の人工衛星との距離をそれぞれ測定します。すると、４つの距離が１つに交わる点が出てきます。これが自分のいる位置ということになります。

理論上は３機でも位置が特定できるのですが、受信機の時計の精度が低いため、３機では位置情報にズレが生じます。このズレを補正するためにもう１機の情報を使います。

※GNSS＝Global Navigation Satellite System（全球測位衛星システム）

18

トラクターなどの自動運転が可能に

　このGPS（GNSS）は、農業ではトラクターや田植え機、コンバインといった農業機械（農機）の自動運転や作物の生育状況の把握などに使われています。

　農機の自動運転では、下の図のように、GPSからの情報と基地局からの補正情報によって誤差の小さな位置情報を得ています。さらに農機に取りつけたセンサーやカメラによる障害物の検知などで、安全な走行を実現させています。コースからはずれず、重複やヌケもなく自動運転ができるようになったため、農作業の効率が大きく向上しています。

GPS（GNSS）を使った自動運転のしくみ

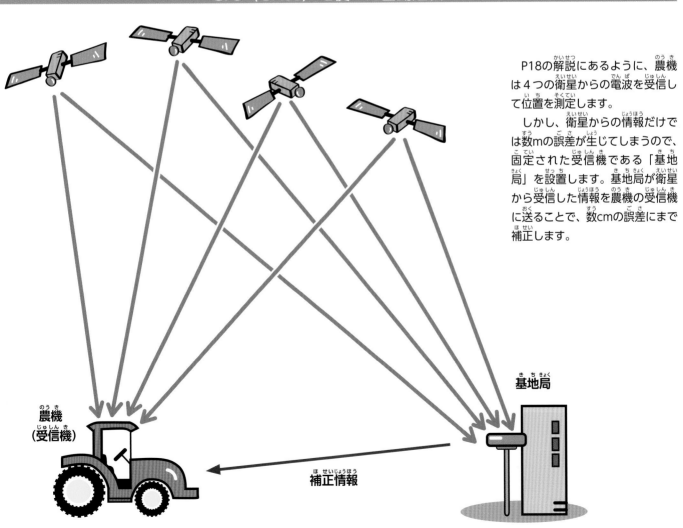

　P18の解説にあるように、農機は４つの衛星からの電波を受信して位置を測定します。

　しかし、衛星からの情報だけでは数mの誤差が生じてしまうので、固定された受信機である「基地局」を設置します。基地局が衛星から受信した情報を農機の受信機に送ることで、数cmの誤差にまで補正します。

基地局

農機
（受信機）

補正情報

日本の農業の未来

日々、進化している日本のスマート農業。これからどんなふうに発展していくのでしょうか。未来の姿を想定してみましょう。

① ロボット化・自動化された超省力農業

- ▶ トラクターなど農機の自動走行・遠隔での操作
- ▶ 自動収穫ロボット、草刈りロボット、農薬散布ドローン
- ▶ 遠隔での農場の監視と自動コントロール
  - ・ドローンで見守り、家からスマートフォンで作業を監視
  - ・野菜ハウスの環境の自動管理、水や肥料やりを自動化、水田の水位の自動管理など

大幅な省力化

人手不足を解消

夜間作業による24時間化

② だれもが取り組みやすい農業

- ▶ 画像解析で病害虫を発見
- ▶ 経験のある農家のノウハウを データ化・見える化

勘や経験にたよらず、経験の浅い人でも可能に

後継者の育成

- ▶ 農機のアシスト機能により作業が楽に

PiPi

きつい作業からの解放・作業の安全性の向上

❸ データを駆使した効率のよい農業

▶ 各種センサーや人工衛星、ドローンによるセンシング（センサーを利用して必要な情報を収集すること）とビッグデータ*1解析により、土壌・気象・作物に応じた最適な方法で栽培

▶ ビッグデータをもとに異常気象などのリスクを予測

→ 先回りしてリスクに対応

収穫量アップ

品質向上

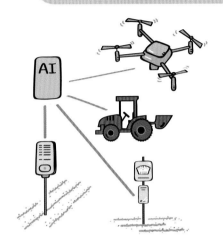

❹ 環境保全型農業

▶ ロボットで田んぼや畑の草刈り
→ 農薬をへらす

▶ ドローンや人工衛星で生育状況を監視
→ 農薬や肥料をへらす

環境保全

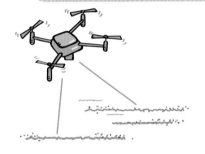

❺ 生産者と消費者が連携

・農作物の詳細情報をダイレクトに消費者に。安心して購入できる

・ニーズに対応した特色ある商品開発が可能に

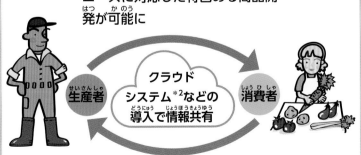

クラウドシステム*2などの導入で情報共有

生産者　消費者

・ニーズを発信

さまざまなニーズ・変化するニーズをタイムリーに把握・対応

食品ロス*3の低下

*1：従来の技術では処理がむずかしい複雑で巨大なデータ群。単に量が多いだけでなく、種類・形式もざまざまなデータがふくまれる。
*2：データやアプリケーションを目の前のパソコンではなく、ネットワークにつながった先に保存するシステム。
*3：食べ残しや売れ残り、期限切れなどの理由で、まだ食べられるのに捨てられる食品。

赤外線カメラとは？

赤外線カメラによる人の腕の画像。赤外線カメラで撮影した画像をサーモグラフィという。

赤外線って何？

赤外線と紫外線。どちらも聞いたことはあるでしょう。赤外線と紫外線は人の目に見えない光です。目に見える光（可視光線）とくらべて長い波長の光が赤外線、短い波長の光が紫外線です。紫外線は日焼けの原因になりますが、赤外線は体に安全な光です。

赤外線や紫外線を感じる生物もいます。ヘビの一種は獲物が発する赤外線を検知してとらえますし、モンシロチョウなどは紫外線を見分けることができます。

赤外線は暖房器など、生活のさまざまなものに使われています。ここでは赤外線が利用されているおもなカメラを紹介しましょう。

近赤外線の波長だけを取り込んで撮影すると、緑の植物は白く写る。

赤外線カメラ（サーモグラフィカメラ）

熱をもつ物体は赤外線を出しています。生き物はもちろん、ガラスでも金属でも、絶対零度（−273.15℃）以上のあらゆる物体は赤外線を放射していて、温度が高くなるほど放射量が多くなります。この温度の差を、色のちがいに変えるのが赤外線カメラです。

農業では、農場全体を撮影することで作物や土壌の温度の分布を見ることができ、高温障害が発生していないかなどを知ることができます。

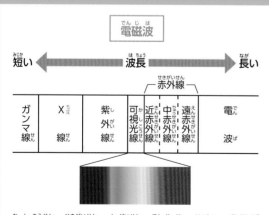

電磁波

短い ←					波長			→ 長い

赤外線

ガンマ線	X線	紫外線	可視光線	近赤外線	中赤外線	遠赤外線	電波

可視光線や赤外線・紫外線は電磁波の一種。無線通信などに使われている電波、レントゲンに使われるX線なども電磁波です。

近赤外線カメラ

赤外線はその波長により、さらに近赤外線・中赤外線・遠赤外線に分けられます。近赤外線はなかでも波長が短い赤外線です。

近赤外線をものに当てたとき、物質によって光の吸収や反射の度合いが異なることを利用したのが近赤外線カメラです。近赤外線カメラで撮ると、反射率の大きいものは白っぽく、反射率が小さく吸収率の大きいものは黒っぽく写ります。たとえば、塩は砂糖より反射率が高いため砂糖より白く写り、ふつうのカメラでは見分けがつかない塩と砂糖を見分けることができます。

目に見えない内部のものも見透せるため、食品の異物混入検査などに幅広く使われています。

植物の葉は近赤外線を強く反射します。この性質を使って、近赤外線カメラで植物の生育のばらつきを見ることができます。

実際に農業では、葉にふくまれる葉緑体が可視光線の赤い光を多く吸収し、わずかしか反射しないことを利用して、近赤外線と赤の光の反射を同時にとらえる「マルチスペクトルカメラ」が広く使われています。元気な植物を緑色でしめすなどして、生育状況を把握し、肥料の追加や収穫時期の判断などに活かしています。

スマート農業の
さまざまな
技術

無人自動運転トラクター

設定したコースをほぼ正確に走る

お米などの作物を栽培するときには、種をまいたり苗を植えたりする前に、まず田畑を耕します。昔は、馬や牛にすきとよばれる道具を引かせて耕していました。

その後、トラクターが登場します。日本では長いあいだ歩きながらおす耕うん機（歩行型トラクター）が主流でしたが、1950年代から1990年代にかけて乗用型のトラクターが普及しました。

近年、自動車の世界で進んでいる「自動運転」が、トラクターにも導入されつつあります。GPS（→P18）を利用し、人がハンドルをにぎらなくても自動で走行します。さらには、はなれた場所からリモコンでスタートを指示するだけで、人が乗らずに自動で動くロボットトラクターも登場しました。

あらかじめ走行するルートやスピードなどを設定しておけば、数cmもくるわない正確さで走ります。人が乗るトラクターと無人トラクターを同時に走行させることもでき、効率が大幅に向上しています。

無人で走行するロボットトラクター（クボタ）

2台まで同時に自動運転ができる（現在は人が監視している状態で走行）。

リモコンでスタート。ストップも遠隔操作。

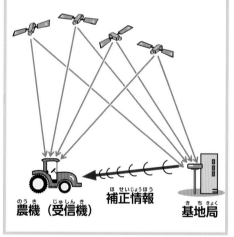

補正情報　農機（受信機）　基地局

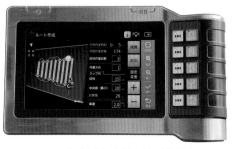

はじめにコースを設定しておくと、そのとおりに走る。

取材協力・写真提供：株式会社クボタ

春(はる)

苗(なえ)づくり

お米(こめ)の種(たね)を発芽(はつが)させ、ビニールハウスで育(そだ)て、苗(なえ)をつくる。

田(た)おこし (田(た)を耕(たがや)す)

「元肥(もとごえ)」といわれる肥料(ひりょう)をまいたあと、トラクターで耕(たがや)すのが一般的(いっぱんてき)。

田植(たう)え

➡P26

荷積(にづ)み

秋(あき)

乾燥(かんそう)

➡P35

もみすり・選別(せんべつ)

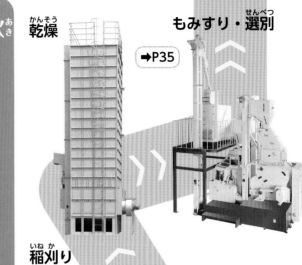

稲刈(いねか)り

➡P32

春(はる)〜夏(なつ)

草刈(くさか)り

➡P28

水(みず)の管理(かんり)

➡P30

農薬(のうやく)・肥料散布(ひりょうさんぷ)

➡P40

一般的(いっぱんてき)に、穂(ほ)が出(で)る15日(にち)くらい前(まえ)に肥料(ひりょう)をまく(元肥(もとごえ)に対(たい)して「追肥(ついひ)」、または「穂肥(ほごえ)」という)。

写真提供(しゃしんていきょう)：田(た)おこし／株式会社(かぶしきがいしゃ)クボタ、田植(たう)え／井関農機株式会社(いせきのうきかぶしきがいしゃ)、草刈(くさか)り／三陽機器株式会社(さんようききかぶしきがいしゃ)、水(みず)の管理(かんり)／株式会社笑農和(かぶしきがいしゃえのわ)、農薬(のうやく)・肥料散布(ひりょうさんぷ)／DJI(ディージェイアイ)JAPAN株式会社(ジャパンかぶしきがいしゃ)、稲刈(いねか)り／ヤンマー株式会社(かぶしきがいしゃ)、乾燥(かんそう)〜荷積(にづ)み／株式会社(かぶしきがいしゃ)サタケ

自動で肥料をまく田植え機

田植え機も自動運転

かつて田植えは、稲の苗を1つ1つ手で植えていました。重労働なので、多くの農家が家族総出でおこなっていました。

1970年代に田植え機が普及し、農家の負担が大きく軽減されました。

田植え機には、機械を手でおしながら進む歩行型もありますが、現在は乗って運転する乗用型の田植え機が多く使われています。

近年はハイテク化が進み、自動で直進をアシストする機能のついた田植え機が登場しました。また、トラクターと同じようにGPS（→P18）を使って無人で走行する田植え機も開発されています。

田植えの進化

昔の田植え

歩行型田植え機

自動直進アシストつき田植え機

乗用型田植え機

「倒伏」をふせぐ「可変施肥田植え機」

稲は、肥料をやりすぎると育ちすぎてたおれてしまうことがあります。「倒伏」といって、収穫がしにくくなるほか、品質の低下にもつながります。この問題を解決してくれる田植え機も登場しました。

田植えと同時に田んぼの深さや肥沃度を測り、肥料の量を自動で変えながら肥料やりができる田植え機（可変施肥田植え機）です。

土壌ごとに適量の肥料をまけるため、稲の育ち方がそろい、育ちすぎて倒伏するのをふせぐことができます。

倒伏している田んぼ

倒伏していない田んぼ

可変施肥田植え機（井関農機）

田植えと同時に、センサーで田んぼの深さや肥沃度を測り、自動で量を変えながら肥料をまく→倒伏をふせぐ

肥料タンク

田んぼの深さを測る超音波センサー
深いほうが稲の育ちがよい→深い場所の肥料を少なくする

田植え

電流

肥沃度を測る電極センサー
電流の通りやすさで土壌の肥沃度がわかる→肥沃な場所の肥料を少なくする

自動で量を変えながら肥料をまく

取材協力・写真提供：井関農機株式会社（P26の昔の田植え、歩行型田植え機、乗用型田植え機の写真を除く）

きつい作業を軽くする先端技術

自走する草刈りロボット

農地の草刈り作業も重労働の1つです。

草を刈る機械は重く、作業をする人に大きな負担がかかります。とくに傾斜のある場所では不安定になり、余計な力が必要になったり、事故が起こる危険性も高くなったりします。

近年、リモコン操作で自走する草刈り機が登場しました。人が入れない場所や、アーム式の草刈り機では届かなかった場所での草刈りが可能になっています。最大40度の傾斜地でも走行するため、果樹園のほか、田んぼのあぜ道や土手の草も刈り取ることができます。

このほか、お掃除ロボットのような動きで自律走行しながら草刈りをするロボットも現れ、果樹園などで利用されています。

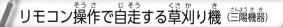

リモコン操作で自走する草刈り機（三陽機器）

傾斜のある土手の草も刈れる。最大200mはなれたところからもリモコンで操作可能。

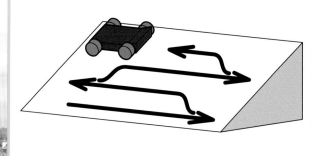

前後に動くので、旋回（Uターン）の必要がなく作業効率がよい。

雑草をほうっておくと……

草は刈ってもまた生えてくるので、草刈りは年に4、5回おこなう必要がある。雑草をほうっておくと、カメムシのすみかになる。カメムシは稲穂の栄養を吸いとって、お米の味を悪くしてしまう。

©ひろし58

取材協力・写真提供：三陽機器株式会社（本製品は農水省 革新的技術創造促進事業〈事業化促進〉にて農研機構生研支援センターの支援のもと研究開発したものです）

お掃除ロボットタイプの草刈り機 （和同産業）

草を刈りたいエリアの周囲にワイヤーを張っておけば、その中を自律走行して草刈りする。

草の状態に応じて速度をコントロールする。

スマートフォンでロボット草刈り機の状態を確認できる。

超音波センサーで障害物を検知し、速度を下げる。

取材協力・写真提供：和同産業株式会社

アシストスーツで力仕事を楽に

介護の現場などで、力仕事を楽にするために使われているアシストスーツが、重労働の多い農業の現場でも使われ始めています。農業用に開発されたアシストスーツもあり、コンテナを持ち上げたり、運搬したり、下ろしたりするときに使われます。

パワーアシストスーツ （クボタ）

手元のスイッチを操作するだけでウインチワイヤーが荷物を持ち上げてくれる。腕に負担がかからず、およそ20kgの荷物の上げ下げ、運搬も可能。立ち上がるときは、太ももの動きをサポートしてくれる。

リュックを背負うように簡単に装着できる。

取材協力・写真提供：株式会社クボタ

水田の水の 管理システム

水門が自動で開閉する

お米づくりで欠かせないのが、水田の水の管理です。

水門を開けて水を入れ、ちょうどいい水位になったら水門を閉じるのですが、農家ではこの調整を、一般に手作業でおこなっています。水位は天候によって変わるので、こまめにおこなう必要があります。

何十枚という水田を管理している場合、水門を開けたり閉めたりして回るだけで半日、1日がすぎていくこともあります。突然、大雨がふったりすると、水門を調整するために深夜でも雨の中、水田に向かわなければなりません。

適した水位は、稲の生育状況によっても変わります。田植え直後は深くし、1カ月ほどすぎたらいったん水をぬくなど、収穫までにはたびたび大きな水位の変更が必要です。

近年、遠くからでも水門の開閉指示ができるシステムが登場しました。タイマーを使えば、深夜や早朝にいっせいに開けたり閉めたりすることも可能です。

また、あらかじめ設定しておいた水位になると、自動で開閉して水位を調整することまで可能になっています。

水位調整システム「パディッチ」（笑農和）

パソコンやスマートフォンで水位や水温を確認したり、水門の開閉操作をおこなったりできる。データはクラウドで管理しているので、情報を蓄積することができる。

取材協力・写真提供：株式会社笑農和

水田にはなぜ水をためるの？

稲には、水田で育つ「水稲」と畑で育つ「陸稲」があります。水稲は水を吸う力が弱いので、水をためた水田で育てます。

多くの植物は水の中で育つと根がくさってしまいますが、水稲は根がくさりにくい性質をもっています。ただ、そんな稲の根も長いあいだ水に深くつかったままでいると酸素が足りなくなり老化するので、一定期間水をぬいたり、ためる・ぬくをくり返したりしなければなりません。

水管理をする期間は、田植えから刈り取りまで4〜6カ月続きます。水位だけでなく、水の温度の調整も必要です。水温が低すぎると苗が水分や養分を吸収しにくくなるからです。冷やすために夜間に水を入れることもあれば、水温の上昇を待って日が昇ってから水を入れることもあります。

水の中で育つ「水稲」。

稲の生育とともに変わる水田の水位

田植え直後	風や寒さから守るために水を深く入れる。
田植えから1週間くらい	雑草などが生えないよう、深くしたままにする。
田植えから1カ月くらい	中干しといって、一度水をぬく（稲は成長とともに茎が根元から分かれる「分げつ」でどんどんふえるが、水をぬくことで、これ以上むだな分げつをさせないようにする。また水をぬかれた土の中で、根が水をもとめてしっかり張るようにする）。
中干し後	水を入れたり、ぬいたりをくり返す（長いあいだ水を入れたままにしていると、根が呼吸しにくくなって老化するので、ときどき水をぬいて、根に酸素がいきわたるようにする）。
穂ばらみ（茎の先端がふくらむ）から出穂（穂が出る）にかけて	水がいちばん必要な時期なので、水を入れた状態をたもつ。
収穫期	水田の水をすべてぬく。

進化したコンバインで収穫

もみの取りこぼしを自動的にへらす

お米を収穫するとき、いま多くの農家では、コンバインという農機を使います。コンバインは、稲を刈り取りながら、同時に脱穀をおこなう機械です。脱穀とは、稲の穂先からもみ（稲の実）を取り外すことをいいます。刈り取る機能と脱穀する機能を合体させた機械であることから、「組み合わせる」という英語のコンバイン（combine）という名がついています。

コンバインで稲を刈り取ると、機械の中で脱穀されたもみがタンクにためられ、もみの取られた稲穂（裁断されたワラ）が田んぼにはき出されていきます。

コンバインの運転では、稲を刈り残さないように速くまっすぐ運転しながら、取りこぼしなく脱穀することがポイントになります。

現在では、自動で取りこぼしをへらす機能によって、運転経験の浅い人でも上手に収穫ができるコンバインや、自動運転でだれでもまっすぐ運転できるコンバインも登場しています。

収穫しながらお米の味がわかる

また、収穫しながら「食味センサー」でお米のタンパク質や水分の量を測定する機能のついたコンバインも開発されました。これによって、水田ごとのお米の味のちがいがわかり、翌年の水田ごとの肥料の量を計画することができます。

自動でもみの取りこぼしをへらすコンバイン（ヤンマー）

コンバインの脱穀部分。

タンクにたまったもみはオーガとよばれる装置で排出。

もみの取りこぼしが多くなると、脱穀されたもみを選別する「揺動機」とよばれる板の角度が自動的に変わったり、車の速度が遅くなったりする。

運転席にあるディスプレイに、もみの取りこぼしや収穫量がつねに表示される。

取材協力・写真提供：ヤンマー株式会社

稲刈りと脱穀機の歴史

昭和の中ごろまでは、多くの農家ではまだカマを使って手作業で稲刈りをしていました。その後、バインダーとよばれる刈取り機が普及しました。

脱穀機は江戸時代から下の写真のように進化をしてきました。刈り取りと脱穀を同時におこなうコンバインを使う農家が多くなったのは、昭和の後半からです。

バインダー

©2006.Green"Modern binder"CC

千歯こき（江戸時代）

足ぶみ脱穀機（明治時代末〜）

動力脱穀機（昭和時代）

食味・収量センサーつきコンバイン（クボタ）

食味センサー

センサーでお米のタンパク質と水分の量を測る（一般的にお米のタンパク質量は少ないほうがおいしいとされている）。

収量センサー
水田ごとのもみの重さを測定。

取材協力・写真提供：株式会社クボタ

乾燥、もみすり、袋づめも自動化
かんそう　　　　　　　　　　　　　　　ふくろ　　　　じどうか

お米（もみ）が運びこまれる
こめ　　　　　　はこ

検査・計量機
けんさ　けいりょうき
もみの量や品質などを全自動
りょう　ひんしつ　　　　ぜんじどう
の検査装置で検査。
けんさそうち　けんさ

自動化されたカントリーエレベーター
じどうか

ここまで、田植えからお米の収穫までを見てき
たう　　　　こめ　しゅうかく　　　　　み
ましたが、お米がわたしたち消費者の手元に届く
こめ　　　　　　　　しょうひしゃ　てもと　とど
までには、まだいくつかの工程があります。
こうてい

収穫後は検査・計量後、お米を一定の水分量に
しゅうかくご　けんさ　けいりょうご　こめ　いってい　すいぶんりょう
なるまで乾燥機で乾燥させます。その後、もみす
かんそうき　かんそう　　　　　　　　ご
り機でもみがらを取り、玄米にし、袋づめして出
き　　　　　　　と　げんまい　ふくろ　　　しゅっ
荷します。昔は各農家でこれらの作業をおこなっ
か　　　むかし　かくのうか　　　　　さぎょう
ていましたが、現在は、規模の小さな農家などでは、
げんざい　きぼ　ちい　のうか

荷積みロボット
にづ
アーム型ロボットで、
がた
袋づめした米を輸送
ふくろ　　　こめ　ゆそう
用パレットに荷積み
よう　　　　　にづ
する。

玄米から白米に精米した
げんまい　はくまい　せいまい
あと、出荷する場合もある。
しゅっか　ばあい

自動計量器 玄米の計量、袋づめまでを自動
じどうけいりょうき　げんまい　けいりょう　ふくろ　　　　　じどう
でおこなう。

さらに光選別機も使
ひかりせんべつき　し

乾燥機

保存に適した水分になるまで、もみを乾燥させる。

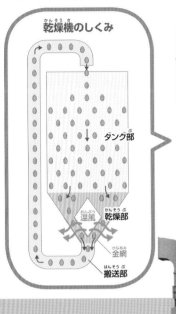

乾燥機のしくみ

タンク部

温風　乾燥部

金網

搬送部

遠隔監視装置

施設全体の状況は、操作室のモニターにつねに表示される。

カントリーエレベーターとは

お米などの穀物を貯蔵する大型の倉庫のことで、乾燥から出荷までの作業をおこなっている。大型乾燥機と、温度と湿度が保たれた大型の貯蔵サイロ、もみすり機などが設置されている。

ライスセンター：お米の乾燥、もみすり、袋づめ、出荷までをおこなう施設。貯蔵はおこなわない。

貯蔵サイロ

乾燥させたもみをサイロに入れ、注文があるまで貯蔵する。

カントリーエレベーターやライスセンターといった共同施設を利用することが多くなっています。

ここでは、乾燥から出荷まですべての工程で自動化が進んでいるカントリーエレベーターでの、出荷までの流れを見ていきます。

もみすり機

もみからもみがらを取り、玄米にする。不良品や異物も取りのぞく。

もみ

玄米

もみがら

と粒ひと粒の玄米
フルカラーカメラで
ェックし、黒く変色
たものや青い未熟
、石やガラスなどを
縮空気によって吹
飛ばして除去する。

もみがら

もみ

くず米

もみすり機のしくみ
農家用もみすり機の例

空気

玄米

玄米出口

高速で回転する一対のゴムロールのあいだを通過する際に、まさつによってもみがらをはがし、続いて風力によって玄米ともみがらを分ける。

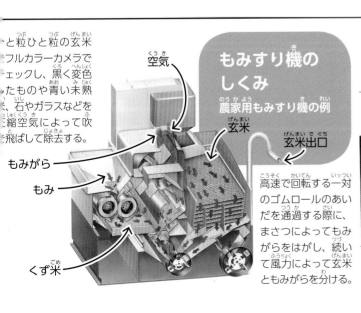

取材協力・写真提供：株式会社サタケ
（もみ・もみがら・玄米・白米の写真を除く）

人工衛星で収穫時期を決める
じんこうえいせい　しゅうかく　じき　き

水田ごとの「収穫適期マップ」を作成
すいでん　　しゅうかくてっき　　　さくせい

近年、人工衛星を使って田畑を管理する生産者がふえてきています。
きんねん　じんこうえいせい　つか　たはた　かんり　せいさんしゃ

たとえば「青天の霹靂」というお米をつくっている青森県の津軽地方では、人工衛星から得られる情報で、お米を収穫する時期を決めています。
せいてん　へきれき　こめ　あおもりけん　つがるちほう　じんこうえいせい　え　じょうほう　こめ　しゅうかく　じき　き

おいしいお米づくりには、収穫時期が決め手となります。
こめ　しゅうかくじき　き　て

収穫が早すぎると、未熟な粒が選別機でのぞかれて出荷量がへりますし、逆に遅すぎても品質が
しゅうかく　はや　みじゅく　つぶ　せんべつき　しゅっかりょう　ぎゃく　おそ　ひんしつ

落ちてしまいます。とはいえ、収穫のタイミングを人の目で判断するのには限界がありました。
お　しゅうかく　ひと　め　はんだん　げんかい

稲は実ると穂の色が緑色から黄金色に変わり、人工衛星から見ると、水田ごとに微妙に色がちがうことがわかります。
いね　みの　ほ　いろ　みどりいろ　こがねいろ　か　じんこうえいせい　み　すいでん　びみょう　いろ

そこで、人工衛星で得たデータにより水田を色分けし、水田ごとにベストな収穫時期を予測する地図「収穫適期マップ」を作成し、それにしたがって最適な日に収穫するようにしたのです。これによって、品質のよいお米を多く収穫することができるようになっています。
じんこうえいせい　え　すいでん　いろ　わ　すいでん　しゅうかくじき　よそく　ちず　しゅうかくてっき　さくせい　さいてき　ひ　しゅうかく　ひんしつ　こめ　おお　しゅうかく

人工衛星の画像を利用した「収穫適期マップ」
じんこうえいせい　がぞう　りよう　しゅうかくてっき

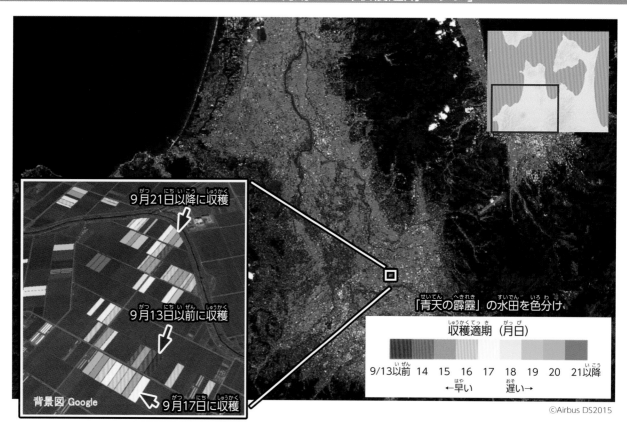

9月21日以降に収穫
がつ　にち　いこう　しゅうかく

9月13日以前に収穫
がつ　にち　いぜん　しゅうかく

9月17日に収穫
がつ　にち　しゅうかく

背景図 Google
はいけいず

「青天の霹靂」の水田を色分け
せいてん　へきれき　すいでん　いろわ

収穫適期（月日）
しゅうかくてっき　がっぴ

9/13以前	14	15	16	17	18	19	20	21以降

いぜん　　　　　　　　　　　　　　　　　　　　　　　　　　　いこう

←早い　　　　遅い→
はや　　　　おそ

©Airbus DS2015

肥料のあたえすぎもマップでわかる

おいしいお米づくりには、肥料の量も重要です。肥料をあたえすぎると味が悪くなるからです。

肥料をたくさんあたえると、お米にふくまれるタンパク質がふえます。大切な栄養素のタンパク質ですが、お米にたくさんふくまれていると、ふっくら炊き上がらず味が落ちてしまうのです。

そこで、水田ごとのお米のタンパク質の含有量についても、人工衛星の画像から地図「タンパクマップ」をつくって確認しています。

タンパク質が多くなった水田の農家には、県や農業協同組合（JA）から翌年の肥料の量をへらすようアドバイスされます。

「タンパクマップ」で
肥料のあたえすぎをチェック

背景図 Google

タンパク質含有率（水分15%）

%

4.9　5.3　5.7　6.1　6.5　6.9　7.3以上

水田ごとに穂の色が異なる

早めに収穫　　　遅めに収穫

穂の色は実際に水田ごとに異なる。かつては水田ごとの色のちがいを目で見て確認し、収穫時期を判断していた。

マップはスマートフォンでも見ることができる。

取材協力・写真提供：青森県産業技術センター

ドローンで生育状況を把握

衛星では発見できない細かな変化も

小型無人機のドローンの技術が大きく進歩し、農業の分野でも活躍するようになってきました。

たとえば、上空から作物の生育状況を把握するためには、これまでは人工衛星や飛行機、ヘリコプターなどの画像にたよっていました。しかし、近年はドローンで撮影された画像でおこなえるようになっています。

人工衛星の画像利用には予約が必要ですが、ドローンを持っていれば、いつでもデータを取ることができ、雲がかかっているときでも可能です。また、飛行機やヘリコプターにくらべ、手ごろな価格で撮影することができます。

さらに、衛星での画像の解像度は数m単位なのに対し、ドローンで撮影した画像の解像度は数cmや数mm単位です。人工衛星からの画像では見つけることのできない作物の細かな変化を発見することができるのです。

生育状況のちがいが色でわかる

ドローンには、人が見える波長の画像に加えて、近赤外線という人の目に見えない波長の光をとらえるカメラを取りつけています（→P22）。

このカメラで撮影した画像を解析し、地図でしめすことで、作物がよく育っているところと、あまり育っていないところを色のちがいで見ることができます。

ドローンで生育状況を診断する「DJアグリサービス」（ドローン・ジャパン）

ドローンで撮影した生育状況の画像

緑が生育がよく、黄色がふつう、赤が生育が悪いところをしめしている。生育のばらつきがよくわかる。

ドローンによるリモートセンシングは、今後ますます普及すると予想されている。

どこに水や肥料をやるかを判断

生育状況のばらつきがわかると、どこに水や肥料をあたえればよいかを知ることができたり、収穫する順番を決めることができたりします。

また、作物についている害虫や作物の病気を見つけることも可能となるため、農薬や肥料のやりすぎをふせぎ、安全でおいしい作物づくりにつなげることができるのです。

最近、ドローンを使って生産者にさまざまな情報を提供する会社や、それらを利用する生産者がふえてきました。

もっと知りたい！

リモートセンシング…人工衛星とドローンの比較

リモートセンシングとは 人工衛星や飛行機、ドローンなどで、地球の表面などをはなれたところから観測し、調べる技術のこと。

人工衛星 	ドローン 
解像度は数m単位。	解像度は数mm〜数cm単位。
広い範囲の農地を把握するのに向いている。	せまい範囲の農地を把握するのに向いている。
広い範囲の生育状況のばらつきのほか、気象データなどほかの衛星データと組み合わせた収穫予測ができる。	せまい範囲の生育状況のばらつきや、害虫、病気の発見など、精密なデータが得られる。
雲・大気の影響を受けやすい（マイクロ波をのぞく）。	雨や強風のとき以外は観測可能。

「DJアグリサービス」のしくみ

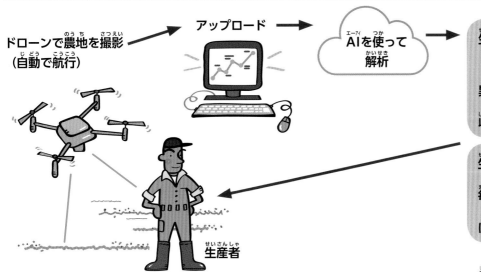

ドローンで農地を撮影（自動で航行）　→　アップロード　→　AIを使って解析　→

生育のムラを地図に表示
→どこに肥料をやるか判断

異常のある箇所を特定

収穫するのに最適な時期を判断　など

生育状況の変化

毎年のデータの比較

ほかの農場との比較　など

生産者

取材協力・写真提供：ドローン・ジャパン株式会社

第2章 スマート農業の
さまざまな技術

ドローンで農薬散布

ヘリコプターより安価で操作も簡単

農薬をまくためにドローンを使う例が、急速にふえています。

農薬の散布も、これまでは重労働の1つでした。農薬の入った噴霧機を背負って歩いてまいたり、乗用型の専用農機でまいたりしていました。

大きな農場では、無人ヘリコプターを使って散布するケースがいまも多くありますが、ヘリコプターの操作はむずかしく、熟練のオペレーターにしかできないのが難点です。

ドローンを使うと、わずかな時間で広大な農地に農薬をまくことができます。熟練のオペレーターでなくても、簡単な講習でだれでも操作することができます。＊ 現在ではリモコンでコントロールしなくても、自動で飛行するドローンもあります。

もちろん農薬だけでなく、肥料を散布することも可能です。

大きさや機能によってちがいますが、ヘリコプターにくらべて数分の1という価格なので、JAなどが所有しているものを借りるのではなく、農家ごとに持つことができ、好きなときに使えるのも利点です。

DJIのドローンの場合、はじめに撮影用のドローンを飛ばし、農場の地図を作成します。その地図データをもとにして作成したルートを農薬散布用のドローンに送り、飛行させることができます。ドローンは5台まで同時に飛ばすことができ、広い農地でも短時間で散布することが可能です。

また、レーダーで、木の枝や電柱などの障害物や一定以上の太さの電線を感知すると、ブレーキがかかって自動的に止まるようになっています。

農薬散布の方法が変わりつつある

背負う噴霧器で

無人ヘリコプターで

ドローンで

＊ドローンで農薬散布をおこなう場合は、技能認定資格と国土交通省への申請が必要

はじめに測量用のドローンを飛ばす

農場の地図を作成

農薬散布 散布するルートが設計され、そのルートを飛行して散布する（写真は粒状の除草剤をまいているところ）。

レーダーで高さを一定にたもつ。障害物に近づくとストップする。

液体の農薬タンク。粒状の農薬タンク（右上の写真）から変えることができる。

折りたたむ

折りたたむと小さくなって持ち運べる。重さは9kg。

取材協力・写真提供：
ＤＪＩ ＪＡＰＡＮ株式会社
（P40の噴霧器とヘリコプターの写真を除く）

ピンポイントで農薬や肥料をまく

現在、ドローンにつけたセンサーで作物の状態をチェックする技術（→P38）と組み合わせ、ドローンによって必要な場所にだけピンポイントで肥料や農薬を散布する技術が研究・開発されています。

さらにドローンによって種をまく、受粉させる、収穫物を運ぶ、鳥獣を追い払うなど、さまざまな研究も進んでいます。

ロボットで野菜を収穫

トマトを自動で収穫するロボット（パナソニック）

ロボットについているカメラが実を見つけ、収穫すべきトマトだと判断するとアームをのばして収穫。

ロボットはレールの上を移動する。

1つ1つの実を確実にとらえ、もいでいく。

AIの画像認識で、採るトマトを判別

ここまで、おもにお米づくりでのハイテクを見てきましたが、野菜づくりにおいても、高度な技術が導入されつつあります。

たとえば、トマトを収穫するロボットがすでに開発されており、実用化に向けた実証実験が進んでいます。

AIによる画像認識で、収穫するべき実だと判断したトマトだけを収穫できるようになっています。トマトは熟すと色が緑から赤に変化しますが、色のちがい、形、大きさなどで、収穫する基準に達しているトマトを判別するのです。

ロボットがこのトマトを採ると決めると、距離を測るカメラによってトマトまでの奥行きを正確に判断してアームをのばし、先端部分を近づけていきます。そして、ねらったトマトを正確にアームの先のリングに通し、実を引っぱることで、下に取りつけられたポケットに落とします。

手でもぐのと同じように、実を傷つけずにスムーズに収穫していきます。また、一部が葉にかくれたトマトも見のがしません。

AIで収穫するトマトを判別するしくみ

トマト収穫ロボットでは、これまで認識技術として、カメラの赤外線画像により「輝点」とよばれる光る点をとらえることで「トマトの実」と判定する手法を用いていました。そして、次にそのトマトが、熟したトマトかどうかをAIが判別します。

AIには、あらかじめトマトの写真2枚を1組とし、どちらが熟しているか人が判断した結果を1000組用意して学習させています。このようなAIの作業を「機械学習」といいます。これにより、実際のトマトをカメラでとらえたとき、熟しているかどうかを自動的に判別できるようになりました。どの程度熟したトマトを採るかの基準は、農園の作業者が決めることができます。

ただ、奥にかくれているトマトなど、輝点が写らないトマトもあります。そこで、一部がかくれたトマトの画像などを含め、2000枚のトマトの画像を用意してAIに学習させ、輝点のないトマトも「トマトの実」と判断できるようにすることで、認識精度が大きく改善されました。このようにAIが多くのデータを分析して自ら特徴をとらえ、正確で効率よく判断できるようになることを、機械学習の中でもとくに「ディープラーニング」とよんでいます。

以上は、トマト収穫ロボットのAIによる画像認識技術のごく一部ですが、こうしたさまざまな技術により、採るべきトマトをより正確に収穫できるようになっています。

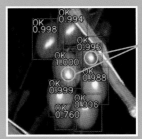

輝点がないトマト

輝点

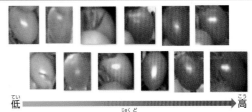

低 ← 熟度 → 高

取材協力・写真提供：パナソニック株式会社

アスパラガスも自動で収穫

アスパラガスの収穫ロボットはすでに実用化されています。

アスパラガスの栽培では、収穫が仕事全体の約半分をしめる大きな作業です。地面から生えているため、しゃがんでおこなわなくてはならず、作業者にとって負担の大きな仕事ですが、ロボットの導入で楽に収穫ができるようになっています。

AIによって、アスパラガスをほかの雑草と見分け、さらに、サイズや形など、収穫すべき基準を満たしたアスパラガスを判別して刈り取ります。

近い将来、いちご、ピーマンなど、ほかの野菜にも対応できるようになる見こみです。

アスパラガス収穫ロボット (inaho)

高さや奥行きを測定し、基準を満たしたアスパラガスを選別。

あぜ道に白いラインを引いておけば、ロボットは自動走行する。

取材協力・写真提供：inaho株式会社

野菜のハウスを やさい
スマホで管理 かんり

どこにいてもハウス内の環境がわかる ない かんきょう

野菜や果物の栽培を、ビニールハウスなどの施 やさい くだもの さいばい
設の中でおこなう農家も多くあります。 せつ なか のうか おお

ハウスで栽培されることが多い作物には、トマ さいばい おお さくもつ
ト、きゅうり、いちご、なす、メロンなどがあり
ますが、ハウス栽培でも、近年ハイテク化が進ん さいばい きんねん か すす
でいます。遠くにいても、ハウス内の環境をいつ とお ない かんきょう
でも把握できるシステムが提供され、利用される はあく ていきょう りょう
ようになっているのです。

たとえば「みどりクラウド」では、ハウスの中に、 なか

温度や湿度、二酸化炭素（CO$_2$）の濃度、日射量 おんど しつど にさんかたんそ シーオーツー のうど にっしゃりょう
（日の光の強さ）、土壌の水分、作物の画像など、 ひ ひかり つよ どじょう すいぶん さくもつ がぞう
さまざまなデータを検知するセンサーを設置します。 けんち せっち

これらから得られたデータはインターネット上 え じょう
のクラウドに蓄積され、スマートフォンやパソコ ちくせき
ンでいつでも見ることができます。過去のデータ み かこ
との比較も可能ですし、生産者どうしでデータを ひかく かのう せいさんしゃ
共有することもできます。 きょうゆう

ハウス内の環境をつねに場所を問わず把握し、 ない かんきょう ばしょ と はあく
必要な作業をすぐに判断できるほか、蓄積された ひつよう さぎょう はんだん ちくせき
記録を、翌年の計画に役立てることができます。 きろく よくねん けいかく やくだ

ハウス内の環境の管理を支援するサービス「みどりクラウド」（セラク） ない かんきょう かんり しえん

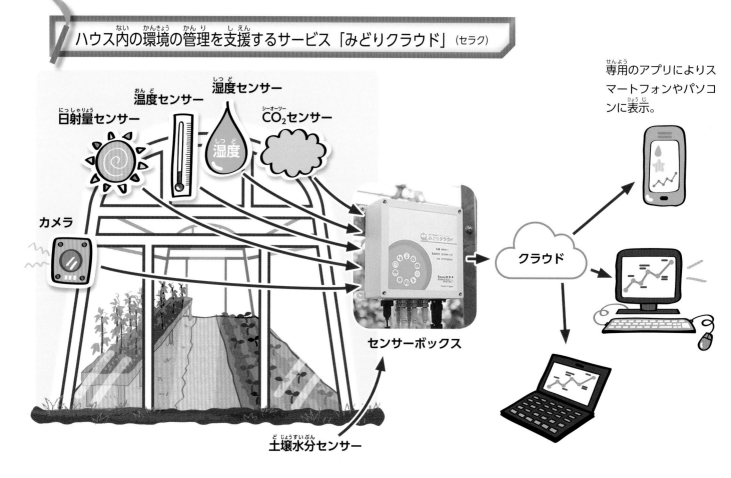

日射量センサー にっしゃりょう
温度センサー おんど
湿度センサー しつど
CO$_2$センサー シーオーツー
カメラ
湿度 しつど
センサーボックス
土壌水分センサー どじょうすいぶん
クラウド
専用のアプリによりス せんよう マートフォンやパソコ ンに表示。 ひょうじ

ハウス栽培と露地栽培のちがい

ハウス栽培

ビニールハウスやガラスハウスなどの施設で作物を栽培すること。

特長
- 時期を選ばず一年中栽培できる。
- 雨や風の影響を受けにくい。
- 虫の侵入をふせげる。

●ハウス栽培に向いている野菜は、トマト、きゅうり、いちご、ピーマン、なす、メロンなど

露地栽培

ハウスなどの人工的な施設を利用せず、屋外の畑で作物を栽培すること。

特長
- コストが安くすむ。
- 広い土地での大規模な栽培に向いている。

●露地栽培に向いている野菜は、大根、にんじん、玉ねぎ、じゃがいも、キャベツ、ブロッコリー、ほうれん草など

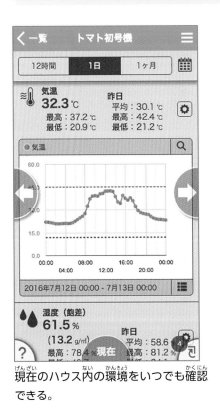

現在のハウス内の環境をいつでも確認できる。

写真やデータの共有も可能。

生産者どうしでコミュニケーションがとれる。

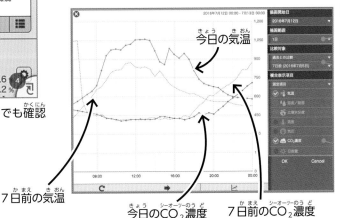

今日の気温

7日前の気温

今日のCO_2濃度

7日前のCO_2濃度

環境の変化をグラフでチェックできる（1日前、1年前など過去との比較も可能）。共有ユーザー（生産者）との比較もできる。

取材協力・写真提供：株式会社セラク

ハウスを自動コントロール

じ どう

センサーでデータを収集

しゅうしゅう

最近ではさらに、ハウス内に設置したセンサーから得られる温度・湿度・日射量などのデータをもとに、ハウス内を最適な環境にたもつよう自動でコントロールするシステムが登場しています。

日々の仕事は統合制御盤を確認するだけ。夏の重労働であった遮光カーテンの開け閉めをはじめ、水まき、温度調節など、手間を大幅にへらすことができるようになっています。また、気候が不安定な夏や冬もふくめて一年中、品質のよい野菜を安定して栽培できるようになりました。

取材協力・写真提供：パナソニック株式会社
しゅざいきょうりょく しゃしんていきょう かぶしきがいしゃ

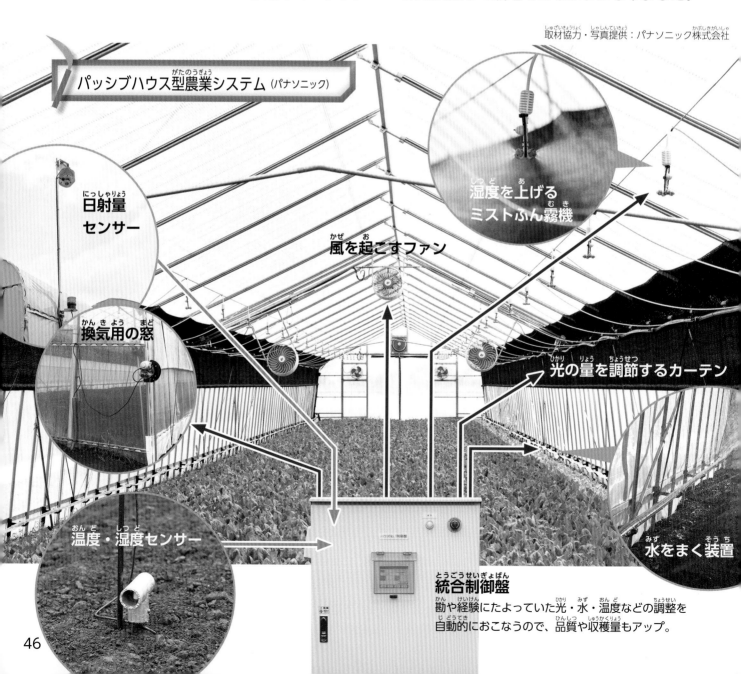

パッシブハウス型農業システム（パナソニック）
がたのうぎょう

日射量センサー
にっしゃりょう

湿度を上げるミストふん霧機
しつど あ むき

風を起こすファン
かぜ お

換気用の窓
かんきよう まど

光の量を調節するカーテン
ひかり りょう ちょうせつ

温度・湿度センサー
おんど しつど

水をまく装置
みず そうち

統合制御盤
とうごうせいぎょばん
勘や経験にたよっていた光・水・温度などの調整を
かん けいけん ひかり みず おんど ちょうせい
自動的におこなうので、品質や収穫量もアップ。
じどうてき ひんしつ しゅうかくりょう

AI潅水施肥ロボット「ゼロアグリ」(ルートレック・ネットワークス)

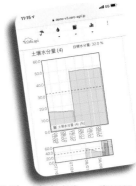

水と肥料の供給状況は、外出先からでもパソコンやスマートフォンで見ることができる。土壌の水分量などのデータはクラウドに蓄積されていき、いつでも確認したり、翌年に参考にしたりすることができる。

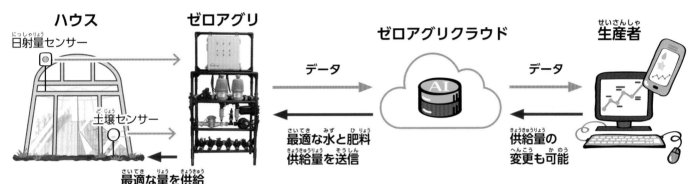

ハウス　日射量センサー　土壌センサー　最適な量を供給

ゼロアグリ　データ　最適な水と肥料供給量を送信

ゼロアグリクラウド　AI

データ　供給量の変更も可能

生産者

最適な水と肥料を自動で

ハウス栽培での毎日の水やりや肥料やりを、ハウスの土にさしたセンサーの情報とAIを使って、自動でおこなうことができるようになっています。

農家にとって、毎日の水やりは重労働の1つです。作物がどんな状態のときにどれだけの量の水をあたえるのか、その判断もむずかしく、これまでは農家の人自身が、天候や作物の状態を見ながら、経験と勘をもとにおこなってきました。肥料の量とタイミングについても同様です。

そこで、自動で水と肥料をあたえることができる「AI潅水施肥ロボット(ゼロアグリ)」が開発されました。ハウス内では、水と肥料を同時にあたえることのできる「点滴チューブ」という穴のあいた細い管が、作物の根元にはりめぐらされています。

日射量を測るセンサーと、土壌センサーで得た土の水分量をもとに、作物の大きさに合わせた水分の必要量(「蒸散」といって植物が水分を発散する量)をAIが予測し、水やりの量を自動的に決定します。

また、土壌センサーで土の中にどれくらいの養分が残っているかも測っているので、農家はそのデータをもとに、肥料の量を設定します。AIが判断した最適な水分量に、最適な濃度の肥料が混ぜられ、点滴チューブを通して作物にあたえられるというしくみです。

人がおこなう作業が大きくへるだけでなく、水分量が安定することで、品質や収穫量の向上も期待できます。また、水や肥料のやりすぎをふせぐことができ、水の節約や、土をよごさない、環境にやさしい農業を実現することが可能です。

取材協力・写真提供:株式会社ルートレック・ネットワークス

進化する植物工場

自動化が進んでいる

屋外の畑ではなく、建物の中で野菜などの植物を栽培する施設を植物工場といいます。

温度や光、湿度、風、二酸化炭素、肥料などを自動でコントロールして、天気や季節にかかわらず一年中植物を栽培することができます。

植物の成長には、光が欠かせません。植物は、葉に光があたることで、水と二酸化炭素からでんぷんなどの養分をつくる「光合成」をして育つからです。この光について、おもに太陽の光を利用する植物工場と、人工の光を使う植物工場とがあります。パッシブハウス型農業システム（→P46）は、太陽光を利用した植物工場の一種で、透明な屋根や窓から光を取り入れています。

©Payless Images

人工の光を利用する施設ではおもにLED（発光ダイオード）照明を使い、何段にも積み上げられた棚でレタスなどをつくっています。

植物工場も技術が進み、種まき、植え替え、収穫までの工程を、ロボットにより自動化する工場も登場しました。

人工光型植物工場のグリーンリーフの栽培（バイテック）

種まきから収穫まで自動化されている。

収穫されたグリーンリーフが自動搬送機で出荷調整室へ。

出荷のための梱包作業。

バイテックの中能登工場（石川県）。

取材協力・写真提供：株式会社バイテックベジタブルファクトリー

もっと
知りたい！

光がどうして必要なの？　光合成のしくみ

植物には、生きていくエネルギーを得るため、また大きく成長するために、光合成というはたらきが必要になります。光合成とは、光のエネルギーを使い、二酸化炭素（CO2）と水を原料としてでんぷんなどの養分をつくりだすはたらきで、葉の中の葉緑体という部分でおこなわれます。このとき、酸素（O2）がはきだされます。

植物は動物とちがい、外から養分を摂取できないので、自分でつくりだしているのです。

水＋CO2→養分＋O2

光合成がおこなわれるとき、外に酸素がはきだされる。

人工光型植物工場のメリットと課題

メリット

● 都市の中の狭い土地でもつくれる。

● 天候の影響を受けず、一定の品質と収穫量をたもてる。

● 消費者が多く住む都市に工場をつくれば、輸送費を節約できる。

● 使う水を施設の中で循環させているので、水を節約できる。

● 雑菌がすくないため、衛生的で日持ちがよい。農薬を使っていないので、安心。

● LEDの色（波長）をコントロールすることで、ビタミンなどの栄養分をふやすことができる。

課題

● 非常に多くの電気を使う。

● 植物工場での生産に向いている植物はごく一部にかぎられる。

〈植物工場での栽培に向いている野菜の例〉

サンチュ

ロメインレタス

フリルレタス

グリーンリーフ

● 設備に多大な費用がかかる。

ロボットで
らくらく酪農

搾乳ロボット

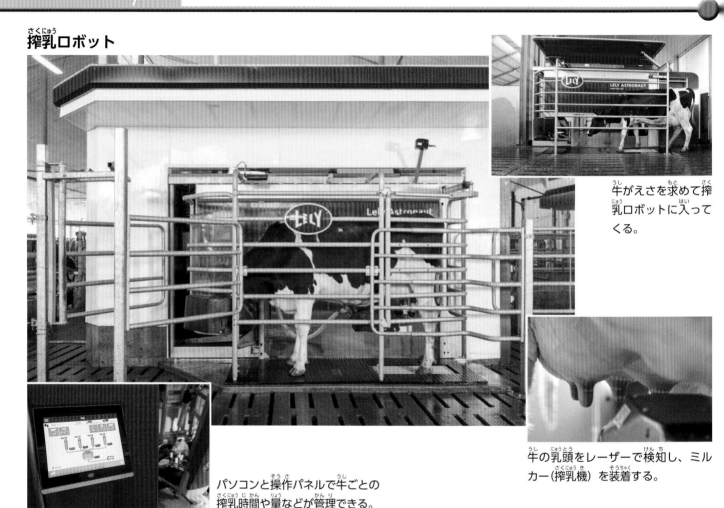

牛がえさを求めて搾乳ロボットに入ってくる。

パソコンと操作パネルで牛ごとの搾乳時間や量などが管理できる。

牛の乳頭をレーザーで検知し、ミルカー（搾乳機）を装着する。

搾乳ロボットが普及

農業の中で、牛やヤギから乳をしぼり（搾乳）、そこから乳製品への加工をおこなうことを「酪農」といいます。酪農においても、ロボットの導入などの自動化が進んでいます。

酪農では、搾乳、えさやり、牛舎の清掃、しぼった乳の冷却、子牛の世話、牛の健康状態の観察・管理など多くの作業があります。

とくに労力を必要とするのは搾乳です。1日2回作業をおこないますが、1頭ごとに手作業で搾乳機の取りつけ、取りはずしをおこなうため重労働です。

近年、この搾乳作業を自動でおこなう搾乳ロボットの普及が進み、労力が軽減されるようになっています。牛がみずから搾乳ロボットに向かうことで、1日2回だった搾乳が平均3回以上になり、搾乳される量も増加しています。

ほかにも、自動でえさやりをおこなう機械や、牛の発情を発見・通知するシステム、分娩（出

自動給餌機

パソコンでえさのメニュー、えさをあたえる時間、えさをあたえる頭数、えさの量を設定。自動でえさやりをおこなう。

牛舎内の環境（換気・気温・照明）も自動でコントロールできる

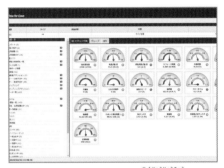

パソコンで搾乳状況などの牛のデータが確認できる。

産）が近い牛に事故がないように監視する装置などが開発され、実用化されています。

牛の住まいである牛舎も、自動で換気や温度をコントロールするシステムや、清掃をおこなう機械の導入などにより、牛が快適に過ごせる施設になっています。

さらに、牛たちがストレスなく自由に歩き回り、えさや水、休息をとることのできるようにレイアウトされた牛舎も数多く導入されています。

牛が自由に歩き回れる牛舎（フリーカウトラフィック）

搾乳ロボット

取材協力・写真提供：株式会社コーンズ・エージー

51

スマホで情報を 共有・連携

スマホのアプリですぐに共有

大きな農場を経営している場合、だれが、いつ、どの農地で、何時間、どんな作業をしたかを、従来は大まかにしか把握できませんでした。記録を残す場合も、手書きで生育記録や作業記録をつくっていました。

現在は、農業の生産管理ができるアプリが登場し、スマートフォン上で入力すれば、その場ですぐに経営者やほかの作業者と情報を共有できるようになっています。たとえば、「アグリノート」というアプリでは、GPS（→P18）を利用したマップで正確に農地の位置を特定でき、農地ごとの作業管理も一括でできるようになっています。

農地をまちがえることがなくなった

経営者が作業を指示するとき、これまでは紙の地図を使っておこなっていました。

これでは指示に時間がかかるだけでなく、農地をまちがえたり、正確に伝わらなかったりといった問題が発生することがありました。

でも、「アグリノート」を利用すれば、現在地と指定された農地が確認でき、まちがって隣の農地で田植えや稲刈りをすることはなくなります。作業内容の確認も、スマートフォンに記録されているので、正確にできます。

作業内容だけでなく、作物の生育、肥料や農薬の使用についても記録が可能です。

情報共有アプリ クラウド型農業支援システム「アグリノート」（ウォーターセル）

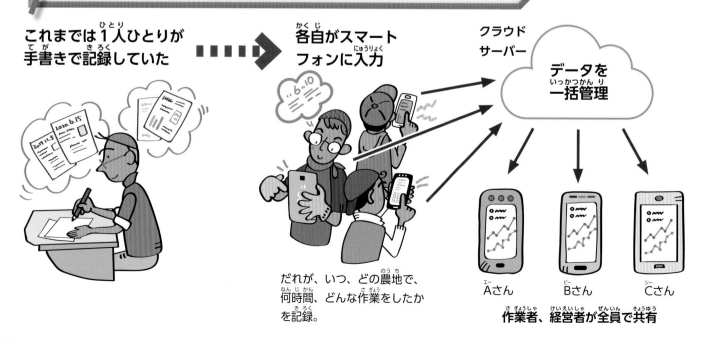

これまでは1人ひとりが手書きで記録していた

各自がスマートフォンに入力

クラウドサーバー

データを一括管理

だれが、いつ、どの農地で、何時間、どんな作業をしたかを記録。

Aさん　Bさん　Cさん

作業者、経営者が全員で共有

農機と連携したシステム

農機を製造する会社では、独自に農機と連携した情報共有システムをつくっています。

たとえば「KSAS（クボタスマートアグリシステム）」では、トラクター、田植え機、コンバインなどの農機に通信機器が組みこまれていて、スマートフォンで入力しなくても、農機を運転するだけで作業記録を残すことができます。また蓄積されたデータを分析して、課題を発見・解決したり、翌年の計画に役立てたりすることも可能です。

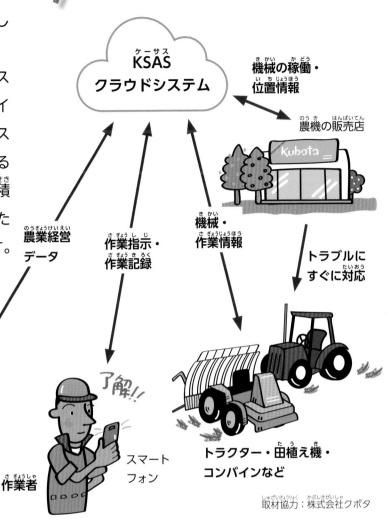

KSAS クラウドシステム

機械の稼働・位置情報

農機の販売店

農業経営データ

作業指示・作業記録

機械・作業情報

トラブルにすぐに対応

蓄積したデータの分析で経営者を支援

ヨシ！

2020.1.

経営者

了解!!

作業者

スマートフォン

トラクター・田植え機・コンバインなど

取材協力：株式会社クボタ

「アグリノート」でさまざまな記録や管理が可能に

入力は簡単

予定・記録			✕
実績	予定	生育	収穫

2016年5月17日　記録を編集する

作業項目	基肥施用
作付・区画	○ ばれいしょ ○ 圃場02 ○ 圃場01
作業者・時間	○ 阿久里 太郎　6:00～8:00 休憩 時間30分 (1時間30分) ○ 阿久里 太郎　6:00～8:00 休 :0時間30分 (1時間30分)
機械	○ 軽トラック
肥料	○ 自家製肥料 10aあたり 5 kg
写真	
メモ	いっぱい収穫できそう。

写真も入れることができる。

編集すれば、生育記録になる。

農地では……

経営者が指示した作業内容や場所をスマートフォンで確認。

一部に、国土地理院の地図を使用しています。

地図で場所がしめされるので、まちがえることがなくなった。

そのほか……
・カレンダーでのスケジュール管理
・かかった費用の管理
・収穫の管理
・出荷の管理　　など。

農地ごとの気候や生育状況もわかる。

一部に、国土地理院の地図を使用しています。

取材協力・写真提供：ウォーターセル株式会社

さくいん

写真提供：株式会社バイテックベジタブルファクトリー

■監修者紹介

海津 裕（かいづ ゆたか）

東京大学大学院農学生命科学研究科准教授。農学博士。
東京都生まれ。1995年、東京大学農学部卒業。1997年、東京大学大学院農学研究科農業工学専攻修士課程修了。株式会社クボタに入社、野菜全自動移植機および田植機の開発に携わる。1999年、東京大学大学院農学生命科学研究科助手、2006年、北海道大学大学院農学研究院准教授などを経て、2012年より現職。2014年、日本生物環境工学会生物環境システム科学賞受賞。2019年、同会学術賞受賞。農作業ロボット、バイオマスエネルギーなどの研究に従事。現在、農業や環境の問題を解決するロボット技術の開発を行っている。

●構成・編集・文／榎本編集事務所
●カバー＆本文デザイン、本文イラスト／チダル108
●写真提供／写真に表示されているものを除き、123RF、photolibrary、PIXTA

ⓒのクレジットが付いた写真は、クリエイティブ・コモンズ・ライセンス（http://creativecommons.org/licenses/）のもとに利用を許諾されています。

＊本書は、2019年12月現在の情報に準拠しています。

スマート農業の大研究
ICT・ロボット技術でどう変わる？

2020年 2月 4日　第1版第1刷発行
2022年12月27日　第1版第4刷発行

監修者　海津　裕
発行者　永田貴之
発行所　株式会社PHP研究所
　　　　東京本部　〒135-8137 江東区豊洲5-6-52
　　　　　　　　　児童書出版部　TEL 03-3520-9635（編集）
　　　　　　　　　普及部　TEL 03-3520-9630（販売）
　　　　京都本部　〒601-8411 京都市南区西九条北ノ内町11
　　　　PHP INTERFACE　https://www.php.co.jp/

印刷所　図書印刷株式会社
製本所